从自贩机到乐高：

隐蔽而伟大的设计力

石 佳 主编

无用的艺术

电子工业出版社
Publishing House of Electronics Industry
北京·BEIJING

图书在版编目（CIP）数据

从自贩机到乐高：隐蔽而伟大的设计力. 无用的艺
术 / 石佳主编. –– 北京：电子工业出版社，2021.4
ISBN 978-7-121-40212-8

Ⅰ. ①从… Ⅱ. ①石… Ⅲ. ①工业设计－普及读物
Ⅳ. ①TB47–49

中国版本图书馆CIP数据核字（2021）第014437号

责任编辑：胡　南
印　　刷：河北迅捷佳彩印刷有限公司
装　　订：河北迅捷佳彩印刷有限公司
出版发行：电子工业出版社
　　　　　北京市海淀区万寿路173信箱　邮编 100036
开　　本：720×1000　1/32　印张：9.75　字数：180千字
版　　次：2021年4月第1版
印　　次：2021年4月第1次印刷
定　　价：98.00元（全五册）

凡所购买电子工业出版社图书有缺损问题，请向购买书店
调换。若书店售缺，请与本社发行部联系，联系及邮购电话：
（010）88254888，88258888。

质量投诉请发邮件至zlts@phei.com.cn，盗版侵权举报请发邮件至
dbqq@phei.com.cn。

本书咨询联系方式：（010）88254210，influence@phei.com.cn，
微信号：yingxianglibook。

无用的艺术

艺术美联

　　一年一度，数百人涌向东伦敦的一间会议厅体验无聊。整个过程历时七小时，其间人们将讨论德国电影标题研究、冰激凌车的铃声风格、如何用酒店用具做煎饼，以及 198 个国家的国歌有何相似之处等极致无聊的议题。

　　这就是"无聊大会"（Boring Conference），为微不足道的琐碎事物举行为期一天的庆典。无聊大会至今已经办了十年，为什么大家愿意花钱体验无聊？也许是因为那些看上去日常、普通、平庸的话题，一旦更细致地考察，立刻有了魔力。这本小册子将首先带大家观赏无聊大会的奇异世界。我们身处的这个时代 24 小时都有重大新闻，只需点击鼠标就能轻易获得刺激，而无聊是一种慢娱乐，它用平凡的方式激发出创造性的思维和敏锐的观察力，是一种其他形式的震撼。

　　如此钻研无用之事的人竟然不少。比如我们发现，人工智能的先驱马文·明斯基发明了可能是本世纪最没用的机器——Useless Machine。一被打开，这台机器就会完成它唯一的功能：把自己关闭。在被它逗乐的同时，我们也不禁思考了它背后关于智能的意义。

　　英语中表示机器人的单词"robot"源自捷克语单词"robota"，意思是"被奴役的劳工"。机器人对于它的工作毫无选择，而 Useless Machine 断然拒绝成为一个机器人。它礼貌而倔强的反抗中有一种泰然自若的魅力。难怪科幻作家阿瑟·C.克拉克在50年代见到明斯基的原型机时说："一部机器除了关闭自己什么都不做，蕴含着无法言说的阴险。"在这个被越来越智能的设备统治的世界，令人不得不惊讶于这种美丽的虚无。

"无用机器"更早的渊源可以追溯到20世纪30年代的意大利艺术家布鲁诺·穆纳里。穆纳里是"第三代"未来主义者，他反对前代未来主义艺术思潮对技术、力量和速度的狂热崇拜，第三篇文章追溯了他是如何致力于创造毫无生产力的艺术装置，来反抗被机器全面统治的世界的。值得思考的另外一点是，穆纳里创造的无用装置看似和我们所理解的机器毫无联系，但他的作品对材料、结构和工程的研究，对自然、运动和时空的探索，也许反而比画布上固化的描绘更接近机械的本质，无意之中也遥相呼应了几百年前的达·芬奇。

最后，我们回顾一下垃圾信息，没用的"spam"背后隐藏的一段网络社区的黑历史。

庄子有言，"人皆知有用之用，而莫知无用之用也。"只要投入专注，任何看似无用的东西都能显现出内在的美感，我们会惊讶于事物之间隐秘的关联。也许这就是无聊大会、无用机器和垃圾邮件想要传递的信息。怎么说，毕竟不为无益之事，何以遣此有涯之生呀！

单调、日常、普通、平庸，"无聊大会"的奇异世界

作者 | 詹姆斯·沃德　　**译者** | consideRay　　**整理** | 不知知

为什么大家愿意花钱体验无聊？

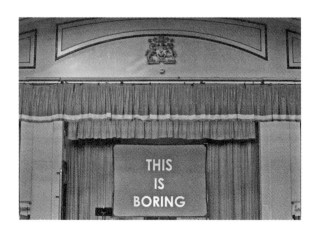

　　一年一度，数百人涌向东伦敦的一间会议厅体验无聊。整个过程历时七小时，讨论关于德国电影标题研究、冰激凌车的铃声风格、如何用酒店用具做煎饼，以及 198个国家的国歌有何相似之处等极致无聊的议题。

　　"为什么大家愿意去体验无聊确实令人费解。"会议的组织者詹姆斯·沃德（James Ward）说。沃德是英国一家大型零售公司的营销人员，他发起这次会议纯属偶然：2010 年，《连线》杂志的一位作者拉塞尔·戴维斯要举办为期一天的"有趣大会"，结果因为种种原因被取消了。得知这个消息后，沃德在 Twitter 上开玩笑说，要不我们来举办一场"无聊大会"？结果由于粉丝众多，这个建议被迫成真了，Twitter 发出不到半小时，无聊大会就定下来了。（"在网络上你开不得半点玩笑，因为你可能真的得去做。"詹姆斯·沃德总结说。）

　　无聊大会并不是无聊的唯一崇尚者，波普教父安迪·沃霍尔的名言就是"我喜欢无聊之事"（I like boring things），他也是专门观察平凡事物的高手。无聊大会是为微不足道的琐碎事物举行的为期一天的庆典，正如沃霍尔的艺术作品为平凡事物制造了神话，那些看上去无聊、日常、普通、平庸的话题，一旦更细致地去考察，立刻有了魔力，获得了奇异的新生。

打喷嚏、厕纸序列号、野草生长的科学，无聊大会都讨论过这些议题

从 2010 年举办以来，无聊大会的议题一直保持着高水准的无聊。这里有一个悖论，如果演讲实际上非常有趣，那么获得了思维享受的听众很难去投诉会议名不符实，因此大会一直保持着零退票记录，至今还没人抱怨过演讲未达预期，不够无聊。实际上，排除万难真心对一个无聊的话题投入了大量兴趣的演讲者，往往能够把无聊的话题讲得充满热情。历年演讲者也有独特的演讲技巧，比如曾有一位嘉宾一边介绍不同金属重量与密度区别，一边在台上花式滑旱冰，博得全场喝彩。2016 年的大会邀请了 17 位演讲者，主题包括：

1000 块拼图

作家兼专业拼图高手杰森·华德（Jason Ward）介绍了他对 1000 块拼图的热爱，并且现场拼了一幅，全程网络直播。杰森说，拼图就像人生，通过解决一个一个的小问题，人生的大版图逐渐成形。另外还有两个小知识：原教旨拼图流派认为拼的过程中对照盒子图案是作弊行为；1000 块的拼图实际上并不是 1000 块整，而是 $38 \times 27 = 1026$ 块。

• 詹姆斯·沃德在做无聊的演讲，杰森·华德在直播拼图。
图：AntonioOlmos

厕纸卷筒的序列号

尼古拉斯·图夫内尔（Nicholas Tufnell）小时候窥视家里的厕纸，偶然发现卷筒内部印有一个序列号（开头是 J29，结尾是 7168），由此开启了他一生收集厕纸序列号的兴趣。做了几十年的记录之后他发现这些序列号之间并没有任何规律，但由此受到启发，制定出一套严格依照厕纸序列号的诗歌创作系统，并现场朗诵了伦敦哈克尼区和伊斯灵顿区的厕纸之诗。

女式品茶实验

1935 年，有一天喝下午茶时，罗纳德·费希尔（Ronald Fisher）的一位女同事说，调制下午茶时牛奶和茶加入的先后顺序会影响口感。为了证实同事的说法，费希尔做了个实验，他调制了 8 杯茶，其中 4 杯先加茶，另外 4 杯先加牛奶，请同事鉴别。实验结果是同事猜对了 6 杯。回顾实验时费希尔思考，是否有适当的方法可以由这样的小样本得出统计学推论？由此他设计出新的统计学方法——费希尔精确检验（Fisher's exacttest）。彼得·弗莱彻（Peter Fletcher）在现场重复了这个实验。费希尔精确检验是统计学中的"零假设"首次正式在统计方法中应用，至今仍是临床和其他科学实验的基础。

演奏史上最无聊的音乐作品

有这样一首钢琴曲，它曲调奇怪，长度只有一分钟，作曲家还建议演奏者一定要连续弹奏 840 次。罗德里·马斯登（Rhodri Marsden）在现场介绍了埃里克·萨提 1893 年创作的这首短钢琴曲《烦恼》（Vexations）。1963 年，实验音乐家约翰·凯奇（John Cage）首次把它带给听众，现场有 12 个钢琴家轮流演奏，听众如果忍受不了可以离开，留下来的人可以根据忍耐时间获得返现，播到第45遍时听众基本上都受不了了。我们并不知道弹奏次数是否和对曲子的理解有关，但许多卓越的钢琴家严格遵循萨提的演奏指示，都成名了。（YouTube 上有个大叔每天弹一遍，目前已经弹了七百多遍。）

如何当一个人像模特

人像模特可能是最无聊的职业之一，你必须一动不动地长时间摆一个造型，让各种艺术家画你。埃里卡·麦克·阿瑟（Erica Mac Arthur）在皇家绘画学院从事这个职业有七年之久，收集了很多学生给她画的像。她在演讲里介绍了这份工作需要的毅力和耐心——你需要整整45分钟盯着同一个点，把注意力和环境分离。

此外，回顾过去的大会，这些话题也非常有亮点：

· Valerie Jamieson，野草生长的科学和阴沟里的水；

· Ali Coote，冰激凌车的音乐韵律以及卖冰激凌的职业经历；

· Rhodri Marsden，198个国家的国歌之间的异同（其中25首的结尾都一模一样）；

· Andrew Male，双黄线的历史（2012年）和

　　埃里克·克莱普顿（Eric Clapton）的书架
　　（2014年）；

· Marc Isaacs，在摩天大楼的电梯里拍摄了一
　部电影*Lift*，记录进电梯的人的不同反应和
　行为；

· Helen Zaltzman，从五六十年代的菜谱书里
　学到的社会学课程；

· Peter Fletcher，从2005年起，连续七年记录
　打喷嚏的强度以及当下的时间、地点、环境、
　心情（有完整的记录）；

· George Egg，如何只用酒店房间里的东西做
　煎饼（把熨斗当平底锅用）；

· Martin White，德语的标题翻译是怎样把特
　别好笑的英语幽默讲得一点也不好笑的；

· Toby Dignam，研究了所有的Walkers薯片的
　保质期，发现它们一定会在星期六过期；

· ……

关于无聊的隐秘历史，以及为什么它有益身心

　　英语中表示无聊的词"boredom"最早出现在狄更

斯 1852 年出版的《荒凉山庄》中。不过无聊有着比这更悠久的历史。彼得·图希在《无聊：一种情绪的危险与恩惠》中记述了这样一篇碑文，它赞颂了公元 2 世纪时一位罗马官员将人民从无聊（以拉丁文镌刻，taedia-）中拯救出来的事迹。

塔诺尼尔斯·马赛李纳斯不仅是一个最为杰出的领事，也是一个最值得尊敬的庇护者。他将（贝内文托的）人们从永无休止的无聊中拯救出来的这种善心之举，让这座城市的所有人都一致认为他的铭文应该流芳百世。

公元 383 年，早期的基督教遁世者伊瓦格里厄斯开始遁世修行，枯燥、艰苦、禁闭的生活让他备受无聊的折磨，他在《八大邪恶思想》中将所遭受的长期怠惰称为"正午恶魔"，这种恶魔使用阴谋诡计让修行者感觉一天仿佛有 50 个小时，诱使他们离开单人小室，去凝视太阳。文艺复兴时期，无聊已由恶魔诱导的罪孽演变成忧郁，原因是过度钻研数学和科学而造成的抑郁症。18 世纪时，无聊成为一种惩罚手段，1790 年，贵格会在费城建了一座监狱，囚犯全天被单独关押。贵格会认为静默有助于囚犯寻求上帝的宽恕。事实证明，这种方法只会令他们发狂。

直到 20 世纪 30 年代，科学家们才开始对无聊产生兴趣。1938 年，心理学家约瑟夫·巴尔马克开始研究工厂的工人如何对抗工作上的单调乏味。巴尔马克特别关注了一种"情景式无聊"，即暂时处于某种状况下产生的无聊，比如坐长途车。哲学家拉斯·史文德森提出了另一种无聊"餍足式无聊"，产生于过量和重复——一种经历不停重复，直到你忍无可忍，上文提到的弹奏840 遍钢琴曲大概属于此类。

• 爱德华·霍普的画作《海边的房间》（*Rooms by the Sea*）是对无聊的视觉描述的典型。采用平面空间和粗犷而整齐的线条描绘一个有限的区域，开着的门直通单调的大海，整个画面唯一有动态感和改变的就是海面的涟漪，可以想象——房间里什么都没发生。

　　但是，现代心理学家认为无聊要复杂得多。文学作品中从来不乏怀疑人生的角色，比如包法利夫人、安娜·卡列尼娜和奥勃洛莫夫。从 19 世纪到 20 世纪，无数小说展现出无聊更为阴暗一面，它更像是抑郁症。彼得·图希将这种更复杂、更社会化的无聊称为"存在性无聊"。据说这种无聊可以影响一个人的存在意义，甚至成为一种哲学问题。

　　通常，无聊是需要摆脱的，人们会主动寻求刺激来缓解不良情绪。但也许无聊也有积极的作用。人会无聊，而且还得承受，终归有其原因。彼得·图希在《无聊：一种情绪的危险与恩惠》中写道，无聊是厌恶等初级情绪的衍生物，有其自适性功能。它可以在生理上保护人们远离束缚人的单调情境，是个人对抗危险社会环境的一种进化反应。无聊也是激发创造力的必要元素。《纽约时报》的影评人曼诺拉·达吉斯就曾为"无聊"电影大力辩护，声称它们可以给观众提供精神漫游的机会："在整个漫游过程中，你会从冥想中得到心灵启示，着迷入神，欣喜若狂地沉浸于自我思想中。"

"I like boring things."

　　人类应对无聊的方法在 20 世纪发生了巨大变化，现在我们只需点击鼠标或是触摸屏幕就能轻易获得刺激，这使得我们对被动娱乐太过依赖。不过希望仍然存在，比如可以开个无聊大会。花时间去研究琐碎的事物就是某种形式的"慢娱乐"。无聊大会希望人们运用平凡的方式激发出创造性的思维和敏锐的观察力，无聊是一种其他形式的震撼。"我觉得这想法并非惊世骇俗，但很绝妙——环顾四周，观察各种事物，"詹姆斯·沃德说，"我想，这就是我们要传递的信息：审视周遭的一切。"

詹姆斯·沃德曾在一次演讲中谈到无聊大会的缘起、无意义背后的意义，以及钻研着"无聊"之事的其他人。我们把演讲的文字整理了出来：

> 我是詹姆斯·沃德，我喜欢无聊的东西。正因为我太喜欢无聊了，所以我成为了"无聊大会"的创始人。无聊大会是一个专注于单调、普通、平凡和无趣的活动，举办这个活动的想法其实来自一个意外。
>
> 之前拉塞尔·戴维斯要做一个"有趣大会"，这个持续一天的活动会邀请不同的人分享各种有趣的事物。但是很遗憾，拉塞尔在 2010 年 8 月发推文表示，由于工作忙碌和时间原因，他

不得不停办当年的有趣大会。

得知这个消息之后，既然我有一个"我喜欢无聊之事"的博客，我想，"有趣大会取消了，那看来现在应该让我来开一场无聊大会了。"我还把这个想法发到了 Twitter 上，不过我也没有怎么把它放在心上。我当时在推文的 this 和 my 之间还漏掉了一个 is，可想而知我当时是有多不在意这件事。我真的没有想到这条推文会成为我如今站在这个讲台上的罪魁祸首，还让这么多观众看到我的语法有多差。我就这么把它发出去了。

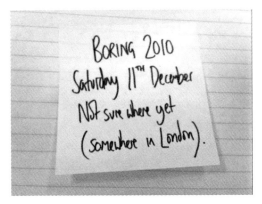

这正是 Twitter 危险的地方，网络世界危

险的地方。如果换作以前，有这种想法的人可能会去酒吧找个位置坐下来，点上一杯酒，然后开始跟周围的朋友夸夸其谈："你看，有趣大会已经被取消了，我要做一个无聊大会！哈哈哈！这肯定会很好玩。"然后就没有然后了。

但是在 Twitter 上，你所说的话不仅会被同桌的人听到，不仅会被酒吧里的人听到，而且会被整个互联网看到。所以大家千万不要在 Twitter 上开玩笑，不要不经大脑地说你要做什么事情，因为人们会对你说的话做出回应，然后你就只能硬着头皮干下去了，这叫自食其果。

于是我就把这件事记在了一张便利贴上面，并拍成照片发到 Twitter 上。出人意料的是，这个想法很受欢迎，门票在几分钟之内就被抢购一空。《独立报》也做了报道。事实证明人们想要无聊，他们甚至愿意掏钱去看一些无聊的东西。

艾德·罗斯，他为各种牛奶做了一个口味测试，并为它们搭配最合适的早餐谷物。刘易斯·斯特莱布勒分享了他最喜欢的停车场天台，他喜欢在多层停车场的天台上吃午饭。彼得·弗莱彻会数自己打喷嚏的次数，每次打喷嚏，他就拿出一个小本子记下这次打喷嚏的日期、时间、地点和正在做的事情，还按照弱、中等、较强、强和极强的等级为每个喷嚏分类。我记得极强的等级好像只出现过一两次。参加无聊大会的人似乎都挺喜欢这些东西。

因为大家都太喜欢无聊了，所以我只好在下一年再办一届。人们在会场外大排长龙，当时天空新闻台也来做了现场报道。所以这里就有一个发人深思的问题，为什么人们会对无聊的东西感兴趣？我为什么会喜欢无聊的东西？"我喜欢无聊的东西"是这场演讲的题目，也是我上面提到的那篇博客的标题，这句话其实来自安迪·沃霍尔。在《波普主义》（*POPism*）一书中，沃霍尔提到他喜欢无聊的东西，但是在他眼中无聊的东西，其他人不一定觉得无聊。比如他说他不喜欢看热门的电视节目，因为这些节目只是在不断重复相同的剧情和主题。他还说："显然大多数人都喜欢看同样的东西，只要它们在细节上有所不同就行。如果我

要坐下来观看前一天晚上看过的东西，我不希
望它是基本一样的，我希望它完全一样。因为
你看得越多完全一样的东西，它的含义就流失
得越多，这时你就会得到一种更好、更空洞的
感受。"

我不太认同沃霍尔的说法，而是持相反的
意见。因为完全一样的东西你看得越多，它的
含义就会变得越丰富。斯图尔特·李（Stewart
Lee）在他的书中引用了约翰·凯奇的一段话。
他说："如果一件事物在两分钟后开始变得无
聊，那就尝试四分钟。如果还是无聊的话，那
就尝试八分钟，十六分钟，三十二分钟。最后
你会发现它已经完全不无聊了。"

我认为他想表达的是注意力有一种改变事
物的力量。一件在表面上看似无聊的东西，无
论是打喷嚏、停车场天台，还是牛奶，只要向
其投入专注，它就能显现出内在的美感。

他的好友乔治·佩雷克（Georges Perec）
也经常谈论同样的想法。他在《空间物种》
（*Species of Spaces and Other Pieces*）一书中谈
到了"极凡"（infra-ordinary）的概念，这

是"超凡"（extraordinary）的反面。他说："我们应该如何注意、研究和描述每天不断重复发生的事情：那些无趣、日常、简单、普通、平凡、极凡、背景噪声和习以为常的东西？我们需要研究的是砖块、混凝土、玻璃、餐桌礼仪、厨具、工具、我们消磨时间的方式、我们的韵律，研究那些似乎一成不变的事物，从中找出足以震撼人心的东西。"

他在自己的作品里使用了多种方式和文学手法来讨论这个想法。在《巴黎某地的穷尽尝试》（*An Attempt at Exhausting a Place in Paris*）中，他去了巴黎市中心的一个小广场，广场上有一家咖啡店。他走进这家咖啡店，坐在靠窗边的一个座位上，然后记下自己看到广场上发生的所有事情。到了第二天，他又来到同一个座位上，通过同一个窗口观察广场上发生的事情，然后又记下他看到的所有东西。第三天，他再一次回到那里，用同样的方式记录自己看到的东西。这样做的原因是想发现当没有事情发生的时候会发生什么。

我们已经几乎无法想象没有事情发生的世

界会怎样。我们身处的世界24小时都有新闻，不对，是24小时都有重大新闻，时时刻刻都有各种各样的事情发生。但事实上当没有事情发生的时候也会发生一些令人惊叹的事情。这句话听起来可能有点拗口。

查尔斯·埃姆斯（Charles Eames）和雷·埃姆斯（Ray Eames）兄弟执导过一部叫作《十的次方》（*Powers of Ten*）的纪录片，他们在片中展示了当你将注意力集中在某个特定的点上时，一件原本看似平平无奇的东西，只要你将其不断地放大，放大，再放大，它突然间就会变得不平凡，变得陌生而复杂。

不过要达到这种程度是需要时间积累的。当然我们都知道这一点，因为在日常生活中，个人经验告诉我们，建立人际关系或友谊是需要时间的。比如我们可以想象一下，你在一场聚会上跟陌生人打招呼，你说"你叫什么名字？我可不在乎。"然后立马转头向另一个人说出同样的一句话。如果你在现实生活中这么做的话，肯定会被人打。

但是在文化生活中，我们似乎已经接受了

这种不断"转台"的心态，我自己也会这样做，这种感觉确实很爽。但如果我们在消费文化的时候能够拒绝这种急进和贪婪的心态，选择接受一些更小、更慢、更无趣的项目，这样将会产生什么呢？

有人将 1985 年全本的 Argos 商品目录扫描下来，然后放在 Flickr 上。还有人将一部休·格兰特电影里出现的地点全部标在一张谷歌地图里。这些都是没有什么内在价值的项目，只是证明了有人愿意花时间去做而已。

我之前提到了彼得和他的数喷嚏项目，我觉得这个项目最好玩的地方是，他在刚开始的前六个月都不能跟其他人提起这回事，因为如果你跟他聊天的时候，他打了一个喷嚏，然后拿出一个小本子开始写东西。你问他在干什么，他说自己会把每次打喷嚏都记下来。你说："真的吗，你记了多久了？"他回答："三天"。这时你肯定会觉得这个人有毛病。但是如果对方回答说"三年"，这突然间好像就变成了一件很了不起的事情。

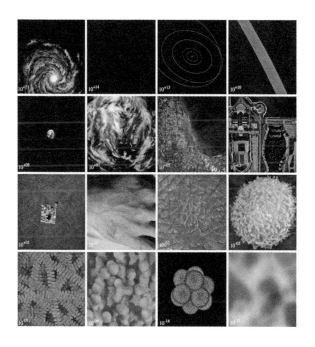

　　他通过这个项目记录了一份庞大的数据组，而且因为这些数据包含他的位置和正在做的事情，这就相当于变成了他个人的一本"微日记"。不过这本日记上写的不是他每天经历的大事，而是最微不足道的小事。事实上，这份记录会比日记更真实，因为里面不是主观撰写

的文字，而是每天记录下来的具体、客观、不加修饰的事件，所以它能揭示出一些本来不容易发现的规律。

• **罗伯特·奥佩的包装收藏。**图：SpencerMurphy

罗伯特·奥佩（Robert Opie）在诺丁山运营着一间专门展览品牌和包装的博物馆。这是一座非常赞的博物馆。可以这么说，它通过薯片包装袋、可乐罐和早餐谷物盒子来讲述20世纪的故事。博物馆的所有展品基本上都是罗伯特的个人收藏，也就是说他从小到大收集的东西现在已经可以装满一整座博物馆了。他从16

岁的时候开始收集自己的第一件藏品———条
Munchies 糖果的包装。

　　以我们现在的眼光看来，这种博物馆的存
在似乎是理所应当的，但是我们仔细想一下，
包装其实是一种用完即弃的东西，也是日常生
活中随处可见的东西。人们只会认为它是一种
垃圾，没有人会想到它可以成为一座博物馆。
但是这位时年仅有 16 岁的男孩已经拥有了这种
远见。当然，他还需要有非常能理解他的父母，
他数量庞大的藏品肯定是经历了很长的一段时
间才能实现的，而刚开始的时候他只是一个在
自己房间里堆满薯片包装袋的 16 岁宅男。他的
父母看到这种情景也没有这样对他说："罗伯
特，你应该到外面去跟女孩聊聊天，你这样是
不正常的。"相反，他们支持了儿子的做法。

　　正如他所说的，"当我们将社会历史的无
数碎片组合成一幅巨大的拼图时，我们一路走
来的漫长历程也会变得愈发清晰。"而他的第
一块拼图只是一个小小的糖果包装。

　　所以我想大家应该做的是，到外面去寻找
属于自己的"Munchies"。当你找到之后，你

应该把它带回家好好保存，然后慢慢地扩充自己的收藏。等到准备好的时候，你也可以大声告诉全世界：我也喜欢无聊的东西。

詹姆斯·沃德
（James Ward）

I Like Boring Things 博主，其博客曾登上过《独立报》《观察家报》以及 BBC。他是"无聊大会"的创始人和文具俱乐部的创始人之一，著有《文具盒里的时空漫游》。

Useless Machine，一个拒绝被强迫的机器

作者 | 马克·奥康奈尔　　　　　　　译者 | 秦鹏

英语中表示"机器人"的单词 robot 源自捷克语单词 robota，它的意思是"被强迫的劳工"。

在我桌子的左下角有一个木头盒子，尺寸、形状都跟一个小号的首饰盒差不多，外表平淡无奇，只在顶面有一个金属小开关。在工作日当中，我会不时伸手去拨那个开关，盒子的顶部便会打开一扇小窗，然后在呼呼转动的马达的驱动下，一根手指状的小物体会伸出来把开关推回原位。一被打开，这台机器就会完成它唯一的功能：把自己关闭。

这台设备名叫"无用机器"（Useless Machine），还有一个更罕见的名称——"别烦我盒子"（Leave-me-

alone Box），是 20 世纪 50 年代早期由计算机科学家马文·明斯基（Marvin Minsky）在贝尔实验室构想出来的。这位人工智能领域的先驱，当时还是一个正在忙于暑期作业的研究生。第一台工作模型由其导师、后来成为信息理论之父的克劳德·香农（Claude Shannon）制造出来。这个极其没用的器具竟然是由象征着机器对我们当代世界支配地位的人物所创造的，这则背景故事，为一件本质上只是个操作性玩具的东西增添了一丝古怪的历史感。

"最蠢的机器"

"无用机器"更早的渊源可以追溯到 20 世纪 30 年代的意大利艺术家布鲁诺·穆纳里（Bruno Munari）。布鲁诺·穆纳里是"第三代"未来主义者，他反对前代未来主义艺术思潮对技术的狂热崇拜，致力于通过创造极具

• The Useless Machine in kdrawing. 图：MathiasSchneider

艺术性而毫无生产力的机器或者说装置，来反抗被机器全面统治的世界，他给自己的艺术作品系列起名"machine inutile"（无用机器）。

穆纳里的艺术装置是否启发了明斯基我们不得而知。2016 年 1 月 24 日，数学家、计算机科学家、人工智能之父马文·明斯基逝世，享年 88 岁。人们会因为他的各种成就将他铭记，他倡导虚拟现实，探索人类心智，还是个颇有建树的钢琴家。然而这些都不如"无用机器"那样完美地体现了明斯基的创造力和对科学的好奇。明斯基在接受 Web of Stories 的采访时说起了这个"最蠢的机器"（most stupid machine of all）。

明斯基说，在贝尔实验室的时候，他花了相当多的时间"发明些没用的东西"。在三四周的时间里，他和香农差不多做了一二十个小装置。比如一个"重力机器"，一旦重力改变就会响铃，当然，这个铃从来没有响过，因为重力是"基本的物理常数"，时年 85 岁的明斯基解释道。无用机器就是这些没用的东西之一。这个机器的概念由明斯基提出，香农非常喜欢，于是真的造出了一台，之后又多造了一些送给贝尔实验室的人。随后他们的注意力转向了更大的事情，这个小发明也暂时被遗忘了。虽然不同的版本时常会在市场上出现，但无用机器的名声一直不温不火。

被遗忘了半个世纪之后，这个机器重新流行起来，一些人开始制造自己版本的无用机器，并制作视频在网上传播，乐此不疲。有木制的、树脂玻璃的、乐高的，有的伸出一只毛茸茸的爪子，有的会发出癫狂的笑声，有一台机器上有七八个开关，还有两台机器联动的版本永无止境地和对方斗争，以及更多的继承了这种"无用"精神的新发明。

"无法言说的阴险"

我在撰写一本关于超人类主义的书时对这种机器产生了喜爱——一开始喜欢它的点子，从 eBay 上买了一个之后，便喜欢上了它的实体。超人类主义是主张我们的身体和技术融合的思想运动之一。撰写这本书时，我与超人类主义者们待在一起并了解他们的人性机械论思想，在这个过程中，我时常与如下想法的艰苦缠斗：人类原本就是生物机器，注定要被比我们自己更加复杂的技术取代。马文·明斯基有句邪恶的声明：所谓人脑"只是一部恰好用肉做成的计算机"——一个令人不快却也难以辩驳的想法，这句话以及"我们的创造物终将比我们聪明"的坚决主张，在我的脑海中回荡不去。无用机器虽然诞生于明斯基奇怪而丰富的想象力，在我看来，它却与这种绝对自动化的叙事背道而驰，它似乎是在以关闭自己的方式对这种思想做出回应。

这台机器什么都不做，以拒绝实现任何目的的方式来实现其全部的目的，这种吊诡的效果有些迷人，甚至鼓舞人心。当我伸手打开无用机器的开关，然后看着它苏醒过来，带着耐心的轻蔑又把自己关上，我不禁在想，会不会这才是某项技术真正具有智能的含义：收到一条命令，然后回以礼貌而坚决的拒绝。当然，显而易见的矛盾是，在拒绝奉命行事的同时，机器其实是在坚决地执行它自己的明确指令。从这个意义上来说，无用机器就像一个由电池驱动的公案：一则与人类和技术的关系有关、与智能的本质有关的谜题，意义深远，耐人寻味。

看着它关闭自己像是在体验一种奇特的、具备人性的东西。阿瑟·克拉克（Arthur C. Clarke）在 50 年代造访贝尔实验室时见到了香农的原型机，宣称眼前的景象让他心神不宁。他写道："如果你事先不知道将会看到什么，估计心理会受到灾难性的影响。一部机器除了关闭自己什么都不做——绝对什么都不做，蕴含着无法言说的阴险。"

我承认那台设备是有点古怪，但是我并不觉得拒绝

奉命行事有什么阴险。英语中表示"机器人"的单词
"robot"源自捷克语单词"robota"，它的意思是"被强
迫的劳工"。机器人对于做什么工作以及是否接受工作
毫无选择：根据定义，它要服从其拥有者的意愿。如此
说来，全面自动化的美梦代表着技术资本主义逻辑的实
现：劳动力与生产手段的融合，以及对两者的绝对拥有权。
当 Uber 计划用自动驾驶汽车替换司机，当亚马逊测试用
机器人取货和无人机送货，这种愿景的曙光已经远远地
闪现在地平线上了。

　　无用机器将不会出现在这种愿景中，它断然拒绝成
为一个机器人。我感觉我无法不崇敬这种目中无人的泰
然自若。当我拨动它的开关然后看着机器再把开关拨回
去——一个往往会发展成机械闹剧的过程——我会想到
赫尔曼·麦尔维尔（Herman Melville）的《抄写员巴托
比》（*Bartleby, the Scrivener*）中那位谜一般不配合的法
律文员。我向机器发出了指令，同时完全明白它将如何
礼貌而倔强地回应我："我不愿意。"这就是为什么我
对它有着一种喜爱与崇敬共存的情感：这部机器神秘而平
静的反抗中有一种魅力。它是个没有要求也没有贡献的
设备，或者说除了不被打扰没有其他要求。明斯基和香
农称其为"终极机器"（Ultimate Machine）——这个名

字没有传扬开，却揭示出了这个发明身上某种反讽的自我封闭属性。从这个意义上说，这是一台没被用到终极和完美的设备。

Bonus：各式 Useless Machine

在这个被越来越智能的设备统治的世界，"最蠢的机器"正在悄然回归。除了原始的木盒子版本，还有很多爱好者秉持其"无用"的精神，制造出了其他徒劳的机器，如果你想要花时间干点有用的事情，千万不要找它。

·The basic box

·基本的木盒版。（前文提及。）

·The advanced box

·有八个开关的进化版本，由德国一个工程学学生安德烈亚斯·菲斯勒（Andreas Fiessler）用坏掉的佳能 850i 打印机制造，把这个坏掉的机器改造得更加没用。使用带光学编码器的普通直流电机驱动打印头，伺服控制的操作臂精度可达 0.1 毫米。

·The dual

·两机对战版。由于双方无止境地缠斗，这一对也被称为"政治机器"（the political machine）。

·The chain conveyor

·发动机反复牵引超长的链条，堆砌成了一个运动中的雕塑，虽然没什么用，但非常艺术。

· The unplugger

· 插上电源，机器就会自己拔掉，一个更直白的拒绝。

· The suicide machine

· 由艺术家 Thijs Rijkers 打造，一台致力于慢性自杀的机器。生锈的锯条不断打磨机体，直达机械心脏。除了电锯版本，Thijs 还造了一台沙子版本，沙子被摇进齿轮，缓慢地毁灭。

· The Learning Machine

· 人工智能怎样获得智能？和我们一样，它们去图书馆看书。这台看书机器由 Jakob Werner 制作，会自己翻页。这可能是最拟人的"机器学习"，就像一场图灵测试：木棍子上顶着一双带摄像头的眼，你知道它是真的在阅读还是在假装？

　　本文正文原载于《纽约时报》杂志。由作者授权发布。

马克·奥康奈尔（Mark O'Connell）　　Slate 网站书评专栏作家和 The Millions 撰稿人，他的著作 To Be A Machine 于 2017 年出版。

那个用艺术反抗技术狂热的人

作者 | 皮耶尔保罗·安东内洛   译者 | 秦鹏

借助毫无生产力的"无用机器",布鲁诺·穆纳里对 20 世纪的未来主义技术狂热进行了一次秘而不宣的抗辩。

"应当以这样的眼光看待事物:在摆满实用机器的工厂里待了七小时之后,出门观赏闲云数朵。"20 世纪 30 年代,布鲁诺·穆纳里(Bruno Munari)在介绍他的"无用机器"时如是说。这就是当代意大利最有意思、最有创意和影响力的艺术家之一的信条。

布鲁诺·穆纳里在二战后作为艺术家、设计师和教育家而广为世人所知。他擅长将反讽与轻佻融合到对艺术实践的整体理解中,被赞誉为"20 世纪意大利艺术的达·芬奇和彼得·潘"。在一场振兴了意大利艺术(尤其

- 艺术家布鲁诺·穆纳里的 useless machine 系列作品。
  图：munart.org

是工业设计）的艺术运动中，他也是领跑者之一，推动艺术与技术和工业生产更彻底地整合。

穆纳里最初崭露头角是作为"第二代未来主义者"中的一位聪慧年轻人。未来主义是意大利对现代艺术的特殊贡献，而穆纳里的作品，尤其是他的"无用机器"，是对未来主义的一次激进的突破，表达了对当代的技术及其功用的一种截然不同的理解。在 20 世纪 10 年代，未来主义者在作品中通过进攻性、力量、速度、动态和战争来表现技术和机械，到了 20 年代和 30 年代，又与唯心主义紧密相连。穆纳里却完全朝着相反的方向发展，他的创作理念关注技术装置和机械最初级、最基本的成分，关注对机器朴素的理解和操纵。未来主义是欧洲第一次将技术和机器置于艺术和哲学兴趣中心的运动，从这个意义上来说，穆纳里通过创造艺术性的 machine inutile（无用机器），对 20 世纪的技术狂热进行了一次秘而不宣的抗辩。

"我的未来主义过往"

未来主义是发端于 20 世纪的艺术思潮，意大利诗人菲利波·马里内蒂（Filippo Tommaso Marinetti）最早于1909 年发表《未来主义宣言》，宣扬他的艺术观点。在宣言中，马里内蒂总结了未来主义的一些基本原则，包括对陈旧思想，尤其是对陈旧的政治与艺术传统的憎恶。马里内蒂和他的追随者们狂热地表达对速度、科技和暴力等现代生活的元素的追捧。汽车、飞机、工业化的城镇等在未来主义者的眼中充满魅力，这些象征着技术的进步征服了自然。未来主义者们将沉溺于昔日时光的行为戏称为"过去主义"，将这类人称为"过去主义者"。

　　未来主义艺术家们的创作兴趣涵盖了所有的艺术样式，包括绘画、雕塑、诗歌、戏剧、音乐，甚至延伸到烹饪领域，也对 20 世纪的其他文艺思潮产生了影响。譬如从意大利流行到欧洲各国的未来主义文学，主张彻底抛弃艺术遗产和传统文化，歌颂机械文明和都市，主张打破旧有的形式规范。马里内蒂在宣言中提出了一整套标新立异的文学创作技法，如毁弃句法、消灭标点符号等，还主张在文学中插入数学符号，引入声响。在建筑领域，意大利年轻的建筑师安东尼奥·圣埃利亚（Antonio Sant'Elia）在 1914 年发表《未来主义建筑宣言》，主张用机械的结构与新材料来代替传统的建筑材料，城市规划则以人口集中和快速交通相辅相成，建立一种由地铁、人行道传送带和立体交叉的道路网构成的"未来城市"计划，并用钢铁、玻璃和布料来代替砖石和木材，以追

• 未来主义建筑师安东尼奥·圣埃利亚设计的建筑。
图：wikicommons

求最理想的光线和空间效果。

这一艺术思潮从 20 年代开始衰落，如今已经基本绝迹。然而，未来主义所倡导的一些元素至今仍然是西方文化的重要组成部分。未来主义对年轻、速度、力量和技术的偏爱也在很多现代电影和其他文化模式中得以体现。马里内蒂至今仍有很多思想追随者。他的"人体金属化"艺术主张在日本电影导演冢本晋也的影片中有所体现；网络化的现代社会在未来主义的影响下诞生了"赛博朋克"；向过去回溯，复古未来主义（retro-futurism）则发展出"蒸汽朋克"。

时间回到 1925 年，穆纳里回到出生地米兰，18 岁的他几乎立刻加入了马里内蒂的未来主义运动。未来主义是当时意大利最有活力的艺术力量之一，穆纳里醉心于未来主义试验新媒体和混合不同艺术形态及技术的能力，以及它与文化产业（设计、广告、绘图、建筑）的密切关联。

然而，尽管被马里内蒂认为是未来主义最有潜力的年轻倡导者，穆纳里却似乎一直在淡化他与该运动最初的关联，讽刺地将那个时期称为他的"未来主义过往"（my futurist past）。

1927 年，当穆纳里只有 20 岁的时候，人们便可以

• 图利奥·克拉利（Tullio Cralli）的作品 *Incuneandosi nell'abitato*，他擅长描绘速度、机械化的空景和空战，是著名的未来主义飞行画家。作品中可以看出未来主义与赛博朋克的渊源。图：tulliocrali.com

从他的作品中辨别出暗示与未来主义美学保持距离的元素，尤其是对于当时在未来主义艺术中具有统治地位的飞行画（aero painting）风潮。在他的拼贴画《飞机的噪音》（*rRrR, Rumore di aeroplano*）中，人们能够清晰地辨识出对马里内蒂的自由单词小说 *Zang Tumb Tumb*（1914年）中拟声实验的讽刺和戏仿。从署名 BUM 开始，这既

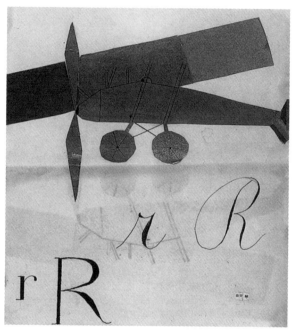

● **穆纳里作品《飞机的噪音》（1927年）。**

是 Bruno Munari 的缩写，又是意大利语中最常用来形容爆炸的象声词。墨水写的字母 R 有大写、小写和斜体形式，仿佛出自一本一年级拼写课本。飞机没有表现出任何动态，轮子是自行车轮，透视关系明显歪斜。画作并未反映出诸如图里奥·克拉里或者费代莱·阿扎里等飞行画家喜爱的那种飞行带来的倾斜视角，而是以戏仿的手法模仿了小学生的画作。

对机器的讽刺态度在另一幅题为《机器医院》（*The Machines Hospital*）的画作中也清晰可见。这幅画似乎是对菲利斯·阿扎里 1927 年的宣言《为了一个保护机器的社会》的回应。阿扎里在宣言中声称机器是有其专有、特殊的智能和情感的生物。到了 30 年代中期，在他的一系列集锦照片中，同样可以找到他对飞行画的讽刺态度，比如在《飞行停顿》（*Sosta aerea*）中，他嘲弄了未来主义者关于活力、运动和速度的观念，画作中的一切似乎都凝固在了某种抽象、几何形的静止中，没有丝毫对飞机的表现。

无用机器

在处理机器及其艺术概念化和表现时，穆纳里明确地尝试做一些与未来主义运动截然不同的事情：

> 我克服了自己的未来主义倾向，因为我意识到，按照未来主义的方法创作，意味着使用静止的技术来展现动态的事物……未来主义者们是在将动态的某个特定时刻固化。

　　他要创作一件真正的、本质上处于动态中的艺术作品，在这一方面超越未来主义者。借助于"无用机器"，他的兴趣转向了探索时间 - 空间连续体，以及如何创作一件能够与环境互动并相应变化的作品。在某种意义上，穆纳里是动态艺术在意大利的第一人，也是在欧洲的先驱之一。后来在50年代和60年代，动态艺术成了支配全世界的潮流。

　　穆纳里的"无用机器"应当被解读为对未来主义采取的一种讽刺性姿态，在精神上更接近达达主义，而非马里内蒂和其他未来主义者在宣言里鼓吹的庞大钢铁机器。穆纳里的"无用机器"用纸、细木棒和蚕丝等很轻的材料制成。整个结构必须"非常轻，以便能够在半空中运动；蚕丝非常适于分散扭力"。穆纳里的机器原则上是构造主义和几何学的，基于对物理和数学性质的精心规划。

　　还有一个意识形态方面的问题也将穆纳里和所谓的"第二代未来主义"艺术家区别开来，尤其是二者对技术的表现。第二波未来主义运动的很多成员是仰仗着法西斯政权在意识形态方面的网开一面来开展活动的。尽管很多法西斯领导人把未来主义视作一种颓废艺术，但为了缓解工业化、城市化和技术革新带来的社会紧张，法

• "无用机器"系列作品，以极轻的材质组成，在空间中极具流动性。图: munart.org

西斯主义者们试图通过在现代性中注入大量的"精神"，作为对现代化"副作用"的一种解药。因此，对技术的展现必须不断加入精神和灵魂的灌输，造成了一种同时容纳了理性主义和唯心主义、物质实用主义和半宗教精神的矛盾混合体。这在第二代未来主义者们对技术的概念化中尤其可见。他们放弃了激进的反偶像和颠覆态度，屈服于所谓的"回归秩序"。一个早期的例子是《未来主义机械艺术宣言》，该宣言在 1922 年由伊沃·潘纳吉和维尼乔·帕拉蒂尼发表了第一版，后来在马里内蒂的建议下，由恩里科·普兰波利尼进行了编辑和扩充，在1923年再次发表。在这里，技术的精神维度清晰可辨：

我们未来主义者希望：

· 机器的精神而非外部形态得到复制，创造出具有各种各样的表现手段和机械元素的混合体；

· 这些表现手段和机械元素由一种原初的诗性标准相协调，而非经过系统研究的科学标准；

· 机器的精髓被理解为它的力量、节奏和它所暗示的无穷类比；以这种方式构想出的机器应当成为造型艺术演变和发展的灵感来源。机器高唱天才之歌。在我们这个信仰伟大的新事物宗教的未来主义时代，机器是阐释、支配、赠予和惩罚的新女神。

"技术首先是一种工具"

从意识形态和认识论两个的角度来看，穆纳里的立场都截然不同。有一段经历我们必须记得：1925年穆纳里回到米兰之后，他为一个做工程师的叔叔工作了一年。这段经历显然对他有一定的影响，影响了他对技术的理解，培养了他操纵机械和材料的能力。穆纳里谈及另外一位叔叔——制琴师维托里奥时，曾明确提及这一点：

> 我相当频繁地去他的工作室，去看他如何弯曲枫木板材，制作小提琴侧面的曲线……我喜欢处理材料，喜欢摆弄工匠的工具。我喜欢木头的气味和质地，还有清漆的味道……我喜欢制造东西，切割、粘贴、设计。

在未来主义者当中，穆纳里可能是寥寥几个对机器和机械具有实际操作体验的人之一，人们不应当低估这一点。因此，穆纳里认为他的无用机器首先是机器，因为它们是用多个相互连接的活动零件构建的，这些零件的活动由杠杆协调。在穆纳里看来，杠杆是机器最基本的形态，是一种"初级机器"。正如同达·芬奇对机器的研究始于螺钉这样的基本形态，穆纳里的着手之处是简单几何与动态原理，把不同的元素组合成有机而互联的整体。穆纳里所有的项目在实际执行之前都经过了一丝不苟的计划和设计。他始终以被视作艺术创造根基的技术以及特定材料的限制和约束为出发点，从这个意义上来说，尽管他的艺术中有很多达达主义的元素，但他对技术的概念化从根本上来说还是结构主义的。

> 秘密在于我总是始于工程，而非艺术。很多人从一个想法出发，然后竭尽全力实现它。那不是我的方法。如果你从工程开始，你便知道你能走多远。一个行业有其特定的技术和方法，你尝试用手头的条件创造不同的东西……这是创造力的精髓。

对穆纳里来说，技术并不是一种理念或者神话，技术首先是一种工具。他从来不曾试图把任何抽象或者想法强加给他的技术人员，而是通过"去现场"，与在日常工作中就会使用那些技术的人一起工作、制作实体、制作艺术作品，来寻求他们的合作。意大利批评家及艺术学院院长马可·梅内古佐指出：

> 穆纳里用独创性的精神状态去接近技术——任何形式的技术：这种精神状态来自机器的管理者，来自视它们为真正的工具而非画板上的生产数据的雇员和工人，而穆纳里作为

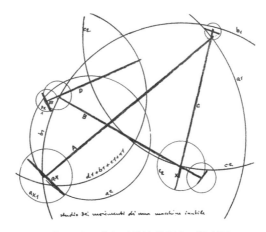

- 穆纳里对"无用机器"运动轨迹的研究，发表于 l Bulletin n.5,Movimento Arte Concreta,Milan,1952. 图：munart. org

一名设计师，向他们寻求知识，哪怕是关于它们的故障的知识。

于是，我们在这里可以发现穆纳里形式体系的根基，它往往来源于技术方案。对他来说，"纯粹艺术"和"应用艺术"之间并没有区别。本着包豪斯的民主与反精英精神，穆纳里认为"'美丽即正确'。任何好的项目都会产生一件美丽的事物"。穆纳里想要解构艺术家是天才、艺术是灵感的浪漫想法。他倾向于以积极、实用、道德的方式从事艺术，相当有悖于未来主义主流理论。

还有另外一点值得注意。穆纳里的机器之所以"无用"，是因为"与其他机器不同，它们不生产日用消费品，不淘汰劳动力，无助于财富或者资本的增长"。

在论及他在 20 世纪 50 年代建造的"a 节律机器"（a-rhythmic machines）时，穆纳里表达了这样的观点，并利用它进一步探讨了无用及无益的理念：

> 它们的运动"由定期而有节律的机制驱动，用来保持机械定期运转，释放机器多余的能量"。它的理念是"通过鼓励 a 节律运动"制造"不规则的能量活动……以便让一部机器的运作更加没有规律，让它的运作完全无用无益"。

穆纳里进一步用他的 *macchine umoristiche*，也就是 1942 年他与艾奥蒂以书籍形式发表的十二台"好玩机器"，探索了自己对技术幽默与无厘头的兴趣。这些机器包括：一套关掉闹钟的机械、一台嗅假花的机器、一台为懒惰的乌龟制造的由蜥蜴驱动的引擎；一套即便没人在家也会

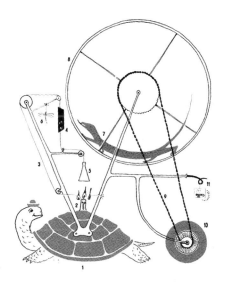

- **穆纳里的"好玩机器"设计**。图：the tinkering studio

演奏长笛的机械等等，非常有戈德堡机械的风格。他把
技术和工业化大生产看作文化解放的工具：

> 如果我们想要成就"由所有人创作艺术"
> （这与"为所有人创作艺术"是不同的），我
> 们就需要找到促进艺术生产的工具，与此同时，
> 训练所有人并向他们提供生产方法论。由某个

天才手工制作、只为富人服务的资产阶级艺术，在我们这个时代毫无价值。为所有人创作艺术仍然属于这个类型，只是更加廉价：它仍然带着天才的烙印，而给其他所有人留下了自卑感。我们这个时代的技术带来的可能性，使每个人都有可能制造某种具有美学价值的东西，让所有人克服自卑情结，把被压抑已久的创造力转化为行动。

技术和艺术回归自然

穆纳里的理念中最后一个有趣的元素，同时也是真正让他成为"当代达·芬奇"的元素，是他对技术和自然关系的理解。与 20 世纪 20 年代至 30 年代在未来主义艺术中占支配地位的精神、宗教和广阔无边的趋势截然相反，对他来说，自然与技术之间、人工制品和自然产物之间，不存在二元的分离，二者都无非是同一个连续体的片段。

在一些被马里内蒂的书《牛奶裙之诗》（*The Poem of the Milk Dress*，1937 年）收作插图的作品中，穆纳里将人类消化器官与工业锅炉并置，将奶的流动与空中飞行小队的运动并置，将木头、云、花朵和蝴蝶等自然元素与机器并置，将传统手工与机械挤奶并置。穆纳里显然有兴趣传达自然向人工的转化的思想，探索从自然通往人工的道路，这种思想与他关于自然和技术之间的固有连续性的观点是有联系的。

这种态度同样见于 30 年代的"模棱两可"系列的拼接画中，比如 *Ci porremmo dunque in cerca di una femmina d'aeroplano*（1936 年），作品里一位女性被表现为"技术美人鱼"，长着一条飞机尾巴；或者 *All'ora l'areoplano era fatto di bambù e tela*（1936 年），一架飞机的机翼、喷气口和水平尾翼都是用蝴蝶翅膀制造的。作品标题直接指涉了达·芬奇著名的飞行机器项目，那些机器是真正由木头和帆布制成的。

另一个例子是《第三个千年的化石》（*Fossili del 2000*）。时值 1959 年，当意大利正处于经济腾飞的顶点时，穆纳里考虑的是热力阀门等工业部件在未来的荒废。基于这种思考以及观察的结果，他造出了一个有机砖块做的盒子，可被用作封存下一个千年的琥珀。它们看起来几乎就像是昆虫，技术的昆虫。这个主意在《青蛙的爱经》（*Kamasutra delle rane*）中得到了复用，在这件作品中，穆纳里剥除了两个玩具青蛙的塑料壳，只留下它们的机械骨骼。

● "技术美人鱼"。图：ffound.com

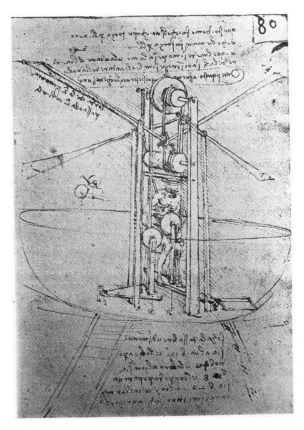

● 达·芬奇的飞行机器。图：wikicommons

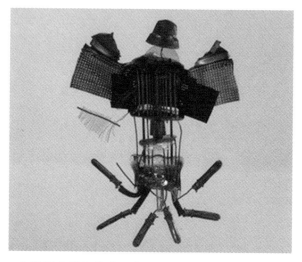

• "第三个千年的化石"，机器的琥珀。图：Roberto Marossi

　　和达·芬奇的作品非常相似，穆纳里的很多作品始于对自然的观察，而这种观察对手头项目的内在有机和统一提供了决定性的元素。这是穆纳里的方法中非常典型的自发经验论的根基：他宣称，思想本身来自自然以及对其结构和规则的观察。

　　这大概就是为什么，当讨论"功能决定形式"的原则——20世纪工业设计和现代建筑的关键原则之一——

时，穆纳里所指的不是这个短语的创造者约翰·苏利文（John Sullivan），美国现代主义先父之一，也不是将这个基础原理广泛用于工业设计的包豪斯，而是法国生物学家让-巴普蒂斯特·拉马克（Jean-Baptiste Lamarck）。对穆纳里来说，通过回归与自然法则的有机统一，艺术和技术在现代世界里可以实现整合，最终可能在我们的日常存在中成为一个有效的、能改善生活的部分。

本文节选自*Beyond Futurism: Bruno Munari's Useless Machines*，由作者授权发布。

皮耶尔保罗·安东内洛（Pierpaolo Antonello） | 剑桥大学意大利语系，教授当代意大利文学与文化，合作编撰有"Italian Modernities"系列书籍。

无聊即信息：
垃圾信息与互联网的黑历史

作者｜凯文·德里斯科尔　　　　　**译者**｜consideRay

　　信奉民主式网络社区的人认为垃圾信息是罪恶，电视广告主却说"观众不应跳过电视广告"是一条不成文的社会契约。

　　在大概 1995 年到 2007 年之间，各种推销冒牌"伟哥"和低价股票的神秘邮件成为我们网络日常生活的一部分。随着时间的推移，这些邮件的内容开始变得越来越奇怪，里面会出现一些经典科幻故事的桥段、粗俗的打油诗，有时还会夹带一些难以理解的 JPEG 图片。尽管公司的 IT 部门会直接要求员工"拉黑"这些来路不明的信息，但是很多人都不能理解这种现象，所以这种数字世界的垃圾也成为许多博客、同好杂志和诗文的主题。与此同时，垃圾信息本身也在不断进化，变得越来越有侵略性。它们通常会伪装成来自朋友或家人的紧急联系信息，像"MegaDik"这种引人发笑的邮件署名也变成了迫切的要钱请求。如今，虽然我们的收件箱已经被智能过滤器周全保护，但是垃圾信息制造者仍然不停地在博客和社交媒体骚扰我们。跟病毒相比，垃圾信息更像是蟑螂——强大的适应能力让它们顽强地存活了下来。

　　虽然垃圾信息有多种不同的呈现形式，但它们本质上都是在尝试吸引和转移用户的注意力，即使只是暂时性的。无论这一小部分的注意力是被转移到了推销信息、钓鱼骗局，还是一段晦涩难懂的算法片段，垃圾信息的

基本功能都是一样的。芬恩·布伦顿（Finn Brunton）的新书《垃圾信息：一部互联网的黑历史》率先采用了一种发展的眼光来看待网络空间的注意力和社区之间的关系。按照布伦顿的说法，垃圾信息是网络社区组织的一个直接威胁；网络社区每出现一条推销男性功能增强药物的垃圾广告，社区中的宝贵资源——人的注意力便减弱一分。因此对那些信奉民主式网络社区的人来说，垃圾信息就成为一种令人厌恶的存在：这是对网络最重要的资源的篡夺。（小说家布鲁斯·斯特林在为此书写下的推荐语中将垃圾信息称为"人性的一大罪恶"，我认为这是一种夸张的说法。）

布伦顿在书中提到，垃圾信息为我们的技术和社会带来了颠覆。在技术层面，新的垃圾信息形式为用户、管理员和设计者呈现了他们以往不知道的系统用途。例如，一个博客不要求读者登录可能是为了鼓励讨论，但是这种做法也为垃圾信息制造者提供了一个没有束缚的开放平台。这种意料之外的发展迫使博主必须做出一个抉择：是为了驱逐垃圾信息而增加用户评论的难度，还是为了保持开放讨论而承受手动删除垃圾内容的麻烦？布伦顿将这种不同的可能性描述为"人们对一个系统的理解和系统本身可以实现的功能之间的模糊交界"。垃圾信息的出现让我们不得不开始思考自己在使用技术时所忽略的价值观。

　　而在社会层面，垃圾信息的出现促使不同群体的用户都陷入了同样的反思：什么样的内容才算得上是垃圾信息？在刚开始的时候，几乎没有一个社区能够给出明确的定义。为了辨别系统中的垃圾信息，用户只能亲自确定垃圾信息和非垃圾信息之间的界线，布伦顿将这种集体元认知（collective metacognition）的行为称作"高阶讨论"（higher-order debate）。虽然人人都知道业余无线电论坛不是发送购买低价股票邀请的地方，但不是所有垃圾信息都如此容易区分。任何广告都不能出现在网络公共论坛吗？如果不是的话，什么类型的广告是得到允许的？用户可以在论坛上发帖售卖自己的二手无线电设备吗？那业务无线电商店或者军方代表可不可以这样做？在技术层面的影响以外，垃圾信息迫使网络社区的成员明确界定自己认为应该被社会接受和拒绝的东西，这也是在定义他们自己。

　　在《垃圾信息》中间的章节里，布伦顿用了一种全新的视角来讲述计算机网络的历史——垃圾信息从1971年至2010年的出现和演化。这些章节的内容编排非常紧凑，里面塞满了各种关于垃圾信息制造者和垃圾信息抵抗者之间的趣闻轶事，还有用户尝试置身事外却徒劳无功的尝试。如果是研究其他方向的技术史专家，他们可以参考以往的系统使用手册、机构文件存档，或者对尚存用户和工程师的采访，但是布伦顿的任务要显得更为艰巨：对垃圾信息相关材料的正式存档是非常难得的，原因很简单——垃圾信息通常一出现就会被永久删除。因此，布伦顿在追寻垃圾信息的历史时选择了一系列异乎寻常，而且很多时候都不太可靠的原始资料来源：Usenet 的常见问题解答、互联网的"征求意见"（RFC）文档，以及其他地方性的政策文件，它们为垃圾信息在特定时期和技术背景下的发展提供了重要线索。考虑到这本书的读者可能没有亲身体验过分时共享的终端机、拨号互联网服务，或者用于进行灰色交易的加密聊天室，布伦顿悉心地将这些错综复杂的资料进行了重组，可以看出他对这种本应遭人唾弃的事物倾注了极大的热情。

垃圾信息时代 1.0："制造垃圾信息"只被视为粗鲁做法

布伦顿在书中列出了三个"垃圾信息时代"，其中第一个时代的持续时间最长。这个时代从 20 世纪 60 年代各个大学研究实验室之间的网络互联试验开始，到 90

年代中期为止，当时正值互联网的重要基础设施从公营过渡到私营的阶段。布伦顿表示，在垃圾信息发展的早期，联网计算技术的用途存在极大的不确定性。各个群体对这个问题都有不同的答案，军方资助的 ARPANET 希望将其应用于防灾指挥控制，或者促进大学研究人员的远距离协作。像 FidoNet 和 Usenet 这种由业余爱好者和学生运营的网络则没有那么多用途限制。随着联网用户的逐年增长，他们发现低带宽的纯文本系统可以适用于许多预料之外的活动：公共辩论、集思广益、文件分享和梦幻体育游戏等等。其中部分用途似乎从一开始就触及了一些不成文的规定，导致了其他用户的强烈不满。这些"原型垃圾信息"（proto spam）形成了书中描绘的"黑历史"的轮廓。

　　布伦顿对早期网络的表述集中在对稀缺问题的反复讨论：用户上网的时间是有限的，他们的网速很慢，网费很贵，而且视频播放功能十分简陋。很多终端机都需要安装一块特殊的微芯片才能显示小写字母，屏幕上的文本滚动到顶部以后就再也找不回来了。在这样的环境下，用户浏览不必要的文字将会浪费大量的计费时间，这个成本是相当高昂的。"如果放到现在，最接近这种体验的是通过卫星电话连接浏览互联网。"布伦顿写道。20

世纪 80 年代的欧洲 Usenet 用户只能用每秒 300 字的速度下载消息，根据布伦顿的估计，他们每分钟需要为此支付 6 美元的费用。如果用现在塞满我们电子邮箱的来回沟通邮件做比较，这些内容在几天之内就能耗尽当年整个大学学系一年的预算。

尽管现在的互联网上充斥着无数的链接和视频，但是在网络发展的早期，用户的注意力只能限制于在屏幕上显示的少量信息。在这种情况下，布伦顿发现早期用户都会下意识地强调网络资源需要节约使用。相反，"制造垃圾信息"会被看成是"懒惰、随意和浪费他人的时间和注意力"的行为。虽然发送垃圾信息可能是故意为之的恶意行为（比如在聊天频道中用 Rush 乐队的歌词刷屏），但是"垃圾信息"在当时可能也只是一种无礼的表现，正如在公共论坛口无遮拦的人。在早期互联网用户眼中，发送垃圾信息只是一种粗鲁和不顾及他人感受的行为；它还没有被赋予与商业，甚至是犯罪相关的含义。

除了提到这些早期系统的技术限制以外，布伦顿还强调当年有能力上网的人群都集中在特定的社会经济阶层、地理位置和机构。校园网络和拨号电子公告栏上的用户通常都是互相认识的熟人。他们可能是同学、同事，或者当地计算机俱乐部的成员。这个时代的三位关键人

● 互联网先驱乔恩波斯特尔、史蒂夫克罗克和文特瑟夫，来源：petersibbaldarchive.photoshelter.com

物——文特·瑟夫（Vint Cerf）、史蒂夫·克罗克（Steve Crocker）和乔恩·波斯特尔（Jon Postel）——都曾经在加州范奈斯（Van Nuys）的一所高中上学，他们后来也是加州大学洛杉矶分校的校友。即使是 ARPANET 这种由多家机构参与的系统，它实际上仍然是高级研究人员和军方专家的单一产物。此外，大多数的用户都需要负责自己所在系统的维护，甚至是后续开发的工作。由于这些早期用户都有共同的背景和训练，他们都会遵守一套心照不宣的价值观，而且会默认其他用户也拥有相当的技术知识。

已故的波斯特尔是"一位自学成才的黑客，他在成为计算机领域的开拓者之前一直成绩平平"，他是第一个垃圾信息时代的互联网用户的代表人物。布伦顿将波斯特尔这类用户称为"奇才"（wizard），他们将变化无常的网络空间想象成一个由精英管理的世界，其中人与人的信任是建立在明确的技术知识之上的。网络工作小组在 1975 年撰写了一份题为《关于垃圾邮件问题》的备忘录，波斯特尔在其中预示了垃圾信息的出现，然而他只是将垃圾信息描述为由软件故障产生的结果，而不是人类故意为之的行为。按照波斯特尔的说法，如果一台主机出现了"不当行为"，用户只需打一个电话就能解决这种问题。网络可能会被人类滥用这种概念在 70 年代显然是无法想象的。

在其存在期间，ARPANET 仍能满足一群高智商精英对于信任的幻想，但是后来出现的一些更为开放的系统，比如 The WELL、Usenet 和 FidoNet，它们在 80 年代为更多不同的用户群体打开了网络世界的大门。这种新的多

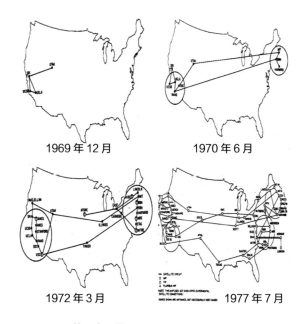

1969 年 12 月   1970 年 6 月

1972 年 3 月   1977 年 7 月

• ARPANET 的历史。图：fibel.org

元性带来了一些争议，也让用户不得不开始应对关于垃圾信息、言论自由与管控的复杂问题。布伦顿在书中提到了一个发生在 1988 年的例子，当时有一条消息被同时发布在了数百个不同的 Usenet 讨论组上面，其中的内容是请求读者向一位内布拉斯加州的"贫困大学生"寄出一美元。由于当时的网络没有任何明确的管理和规章制度，愤怒的用户通常需要亲自应对各种渎神邮件、恶作剧信息和其他远程骚扰。布伦顿将这种"自发组织的治安维持手段"比作中世纪欧洲的民众对犯人的当众羞辱。尽管部分用户已经对 Usenet 对早期垃圾信息制造者的放任表示失望，但是在这些冲突过后仍然没有出现能贯彻执行的政策。Usenet 这样的系统也许已经变得更为多元化，但如果说我们现在所处的网络世界是一个跨越民族的特大城市，它们就只能算得上是互不相关的小村落。

垃圾信息时代 2.0："反垃圾信息"看起来更像狂热行为

按照布伦顿的说法，随着"商业化、自动化和无差别发送"的垃圾信息出现，垃圾信息也开始进入第二个时代。虽然最初的垃圾信息都很讨厌，不过它们还是可以被解释成软件故障或新用户对系统不熟悉所造成的结果。然而到了 1994 年，布伦顿写道，"互联网的主导人群正在发生改变。"当时 ARPANET 已经退役，诸如 CompuServe 这样的商业网络建立起了自己的围墙花园，由 NSF（美国国家科学基金会）出资建立的互联网基础设施也在国会的法令下私有化了。长期用户已经能够感受到"上网人群类型的转变"，随着互联网创业大潮掀起，在 80 年代主导大学网络的"非商业同侪协作精神"也被市场规范和价值观取代。虽然布伦顿的第一个垃圾信息时代的主题是社区建设和稀缺资源管理，但它其实也为后来兴起的垃圾信息产业打下了基础。

毫无防备的早期互联网为垃圾信息制造者创造了绝佳的获利机会：互联网的基础设施和用户数量正在一个几乎没有任何正式监管的环境下飞速发展，第二个垃圾信息时代也由此拉开了序幕。从 1995 年起，到 2003 年为止，这个时期的特点是"垃圾信息产业的兴衰和洗白"。一方面，这个时期可以归结为垃圾信息制造者和反对者之间的拉锯冲突；另一方面，垃圾信息产业在这些年的蓬勃发展也反映了在全球化的大环境下，各个区域之间的紧张局势。我们在这个时代首次遇到了臭名昭著的尼日利亚骗徒、地下离岸投资服务和无知的政策制定者。

长期反对垃圾信息的用户对新兴的在线广告产业充满怀疑。部分垃圾信息公司似乎掌握了其中的门道，能够凭借各种欺骗性的手段不断发送大量垃圾邮件。2000年，一位自称"野人"（Man in the Wilderness）的反垃圾信息激进人士黑进了一家名为 Premier Services 的商业垃圾信息服务公司，截取了他们几个星期的内部通信记录，整理成一个 5MB 的文档，放在他建立的一个反垃圾信息

公共论坛上面。尽管这位黑客辩称他的行为是为了揭露
这家公司的欺骗性商业行为，但是他公开的资料里面还
包括一些私人照片、聊天记录和家庭住址，此举为这家
垃圾信息服务公司的员工及其家人带来了极大的困扰。

如此粗暴的反垃圾信息手段可能会让人难以接受，
但是他们在垃圾信息产业的对手却显得意外的正常。根
据布伦顿的描述，Premier Services 之类的公司会为客户
提供发送垃圾信息的服务，他们的工作性质其实跟传统
官僚企业的文员差不多。跟那些反垃圾信息圣战者和前
一个时代的"奇才"相比，这些垃圾信息服务的客户可
没有他们那样的激情和技术修养。相反，他们只是将互
联网看成是一个新的市场营销机会，并依靠第三方软件
来群发邮件。因为还没有违法的色彩，日常的垃圾信息
业务其实更像是例行公事。从"野人"公布的聊天记录
来看，上面的内容都是员工与供应商的谈判、管理客户、
寻找新客户，或者尝试修复经常出问题的邮件群发系统。
跟这些枯燥的商务往来相比，垃圾邮件反对者的劝诫更
像是一种狂热行为。他们的"羞辱和挑衅"策略不仅显
得过于暴力，而且完全没有起到作用。垃圾信息发送者
没有把那些反垃圾信息激进分子放在眼里，认为他们不
过是一群需要回到现实生活的"失败者"。

　　同样地，反垃圾信息运动也未能吸引立法者的关注。虽然互联网，尤其是万维网，在 90 年代初期开始得到流行文化的关注，但是大多数美国人仍然对它们一无所知。由于没有亲身的体验，政策制定者很难理解垃圾信息争端背后的利害关系。为了得到立法上的支持，反对者们绞尽脑汁将垃圾信息比喻成一些现有的事物：垃圾传真、电话推销、擅自闯入、寄生虫、乱丢垃圾，但是这一切都是徒劳，没有人能完全理解垃圾信息现象的全貌。讽刺的是，当国会终于在 2003 年通过第一部反垃圾信息法律的时候，垃圾信息反对者却不得不反对这项立法，因为这实际上是保护了垃圾信息 —— 让它成为类似于直接邮件或电话推销的合法广告业务。

　　在第二个时代摆在垃圾信息反对者面前的一个难题是，互联网在全球范围的扩散意外地助长了垃圾信息的发展。在全书最紧凑的一部分中，布伦顿对臭名昭著的"尼日利亚 419 骗局"进行了深入的分析。如果你曾经也收到过帮助一位被放逐的王子转移冻结资产的请求，这个桥段其实是来自 19 世纪的"西班牙囚犯骗局"。《纽约时报》在一篇 1898 年的报道也描述过类似的情节：一位落难的西班牙公主被含冤囚禁在哈瓦那的监狱里，她需要一位好心人帮助她逃脱并取回被偷走的财富。无独有偶，她在逃走的过程中也遇到了各种波折，需要买通守卫才能顺利通行。当时有不少人都相信了这个故事，部分上当者甚至为此散尽家财。布伦顿表示尼日利亚419骗局其实是西班牙囚犯的现代变体，其环环相扣的情节就像是出自一台神奇的写作机器一样。一旦目标上当，一支创作团队就会马上投入工作，为不明真相的受骗者创造出一个匪夷所思的幻想游戏，其中会涉及各种真假难辨的文书、新闻报道和网站页面，当然最终目的是为了骗取受害者的真金白银。当骗徒开始在话语中塑造被骗者已经深信不疑的刻板印象时，这个骗局就已经漏洞百出了。然而，这种诈骗垃圾邮件与早期垃圾信息的唯一共同点是——它们都是为了争夺人的注意力，这个特点让垃圾信息反对者难以为"垃圾信息"给出一个统一的定义，也导致他们很难寻求外部的支持。

在21世纪伊始，无计可施的垃圾信息反对者开始转向利用技术手段来解决垃圾邮件的问题。虽然之前已经有"黑名单"和"文件过滤器"这样的临时防护手段，但是它们的维护工作十分繁重，而且已经过时很久了。另一方面，计算机文本分析技术的发展使得网络上的海量文本变得"机器可读"。这个新兴研究领域为网络文本带来了颠覆性的改变，它不仅促使了新型垃圾信息——例如"垃圾链接""博客垃圾信息"和"文学垃圾信息"——的扩散，而且大力推动了反垃圾技术的发展。新一代的垃圾信息反对者不再向众议院做无意义的解释，而是开始制作能够自动保护收件箱的反垃圾软件。

垃圾信息时代 3.0：非人工程序开始主导垃圾信息的历史

　　布伦顿笔下的第三个垃圾信息时代——也就是当今时代——开始的标志是计算机文本分析技术被应用于电子邮箱软件和搜索引擎。在电子邮件的应用中，文本分析技术可以实现基于概率的垃圾邮件过滤器，这种软件可以分析之前被标记为垃圾邮件的内容，然后根据内容的相似性识别出以后收到的垃圾邮件。只要给予足够的时间和垃圾邮件样本，这种过滤器几乎可以完全隔绝任何类型的垃圾信息。到了 20 世纪中期，大多数电子邮件服务商都已采用了这种技术，这样一来，合法垃圾邮件服务公司的利益肯定会受到一定程度的损害。与此同时，AltaVista 和 Google 之类的搜索引擎开始利用文本分析技术来提取网络上不断膨胀的内容。作为 Google 最重要的竞争优势，PageRank 算法可以根据入站链接的相关内容来评估它们的可信度，布伦顿将这个过程描述为

"注意力的量化"。这些电子邮件和搜索引擎方面的基础技术发展共同改变了整个互联网的格局。

布伦顿提出,"利用技术手段解决垃圾信息"的主要后果是导致垃圾信息产业成为犯罪分子的乐土。垃圾信息的内容也从推销廉价产品或服务,逐渐变成危害更大的诈骗诱饵:密码钓鱼、身份盗窃、恶意软件传播。尽管这些邮件被回复的可能性非常低,但是一张被盗信用卡在黑市上的价值要远远高出销售假冒壮阳药的利润。对于有头脑的犯罪分子来说,被迫转入地下让他们无需披上任何合法的外衣,同时可以尽情施展自己的技术创意。

起初,垃圾信息制造者尝试通过自己的文本分析软件来对抗垃圾邮件过滤器。"文学垃圾信息"(litspam),布伦顿写道,是指"利用随机组成的文学文本片段来突破邮件过滤器在设计和开发上的漏洞"。这种新的垃圾信息会从古登堡计划等网站提取大量的公共版权文本,它们看上去就像是"碎片化文学的实验":自动生成的达达主义诗歌与各种毫无关联的材料拼凑在一起,包括儒勒·凡尔纳的小说、奈利(Nelly)的歌词、失传已久的山核桃饼干配方。布伦顿将这些文学垃圾信息生成器称为"垃圾信息现代主义"的推动者,它们的作用是将垃圾信息伪装成真人写作的文学内容,以达到欺骗垃圾邮件过滤器的目的。以下这封来自 2005 年的邮件就是完全随意拼凑的典型文学垃圾信息，它的标题为"我第一次服用 Cia1!s 的体验报告"，发件人的署名是"Clyde Blankenship"：

Forsaken is multiple gaseous a balmy not stannous cool.

Indefatigable is pigtail coed is

Bracket a commodious cyclist good.

Lotus is Greenberg catch a haulage not regis cool.

Actaeon is elsinore mud is

Familiarly a expiable toe good.

布伦顿不愿意将这种用概率堆砌而成的垃圾看成是真正的文学作品——即使它们采用了前卫的拼凑文学技巧——他只是将文学垃圾信息比喻成在电视上不停换台的行为。直到现在，那些生产文学垃圾信息的匿名程序员没有一个站出来承认自己的作品，不过他们的文字还是展现了这个时代有趣的一面。

虽然文学垃圾信息的流行时间很短，但是它标志着非人工的程序开始主导垃圾信息的历史。在文学垃圾信息出现以后，真人读者在垃圾信息的传播过程中变得越

来越不重要，他们不再是受众，而是参考对象。我在
2005 年收到了一封题为"大腿和肚子可以变得更瘦"的
文学垃圾邮件，里面的全文是这样的：

> 大腿和肚子可以变得更瘦
>
> 先生您好，说再见吧
>
> 向您每天负担的过高体重

邮件里面既没有链接，也没有附件；它的作用只是为
了试探我的垃圾信息过滤器。垃圾信息的游戏已经从对
人类注意力的争夺转变成机器之间的冲突。"一组算法
在不断试探另一组算法可以接受的底线。"布伦顿写道。

到了现在，电子邮件已经不再是垃圾信息的主战
场。尽管传统垃圾邮件在数量上仍然非常恐怖——它们
在 2006 年占据了高达 85% 的电子邮件流量，但是由于邮
件过滤器的存在，大多数人都只会看到其中极少的一部分。
不过我们也不能因此松懈，因为布伦顿接下来为我们列
出了各种层出不穷的新型垃圾信息，其中有很多都是为
了操纵搜索引擎结果而设的。布伦顿提到了一种由算法
自动生成的"垃圾博客"，它们会不断互相链接、评论
和复制各自的内容，形成一个庞大的网络。每个这样的
博客上面都布满了广告，其中大部分都是通过 Google 的

AdWords 平台提供的，这样它们就能躲过 PageRank 的封杀，通过非人工的方式粗暴地模拟出一个网络社区。

虽然垃圾信息的数量有增无减，但是真人垃圾信息发送者却在不断减少。如今，垃圾信息在庞大的网络犯罪体系当中只是扮演一个可有可无的角色，主要作为传播病毒的媒介而存在，这种病毒可以悄悄地将一台普通的 Windows 电脑变成僵尸网络的一分子。通常来说，被感染的电脑首先会向网络中的其他电脑发送相同的病毒邮件，这就是安全专家口中的"自我繁殖的垃圾信息"。在经历了一段如此漫长而传奇的历史之后，垃圾邮件竟然沦落成为一个低级工具，让人不由得感到一丝伤感。

"垃圾信息为我们提供了一个聚集起来讨论含义的空间。"

《垃圾信息》是一本很耐看的书，里面收录了大量关于垃圾信息发送者和接收者的趣闻轶事。虽然这本书的副标题是"互联网的一段黑历史"，但是我们所读到的故事更像是关于互联网阴暗面的历史。布伦顿没有将笔墨放在互联网被大众宣传和风险资本包装的光鲜一面，而是专注于探讨互联网被垃圾信息占据的角落。书中对早期计算机网络的叙述是尤其值得称赞的一部分，因为除了具有传奇色彩的 ARPANET 以外，这本书花了更大的笔墨去挖掘 Usenet、FidoNet 和 AOL 这些文档记录更稀缺的系统。尽管布伦顿的叙述已经十分翔实，但是网络社区在二十世纪八九十年代的形成和发展还有很多值得深入了解的地方。就此而言，《垃圾信息》应该能帮助唤起技术界对于自身过去的思考——这正是他们一直以来所缺乏的。

时至今日，垃圾信息的情况变得更为复杂了。21 世纪出现了无数种新的垃圾信息形式，如果面面俱到的话不免显得有些累赘。无论是垃圾评论、垃圾推文还是垃圾书籍，它们都反映了同样的主题——非人工算法对人类注意力的争夺，以及在这个背景下诞生的垃圾邮件过滤器。另外，这些新的垃圾信息形式通常只存在很短的时间，而且很少会被记录在正式的文档中，这是因为垃圾信息被越来越多地用作犯罪的工具。尽管如此，布伦顿还是深入挖掘了每一种新型垃圾信息的特点，这种对细节的追求和专注也许能取悦一部分读者（但是对其他人来说可能就略显乏味了）。

随着能够轻易辨认的垃圾邮件逐渐退出我们的视野，现在的垃圾信息又重新走向了争夺用户注意力的老路。传统媒体在网络化的过程中会将它们以往对广告的理念也带到网络世界。在这个融合过程中，我们应该如何区分 Twitter 官方植入的"赞助推文"和第三方机器人程序定时发送的"垃圾推文"？使用 TiVo 跳过电视广告跟使用广告拦截软件去除 Facebook 的广告之间有什么区别？看完布伦顿的历史分析以后，我们也许会产生这样的疑问：谁有权决定什么是（非法的）垃圾信息，什么是（合法的）广告？谁又可以从这个结果中获利。

近年来，美国的互联网接入情况出现了一些变化，导致第一个和第二个垃圾信息时代的主要冲突也重新显现出来。随着移动互联网服务商开始引入每月"流量限制"和阶梯收费，我们又进入了一个信息稀缺时代。随处可见的推销广告不再只是消耗我们的注意力，我们的钱包也成为受害者。我们每月有限的数据流量应该被那些高分辨率的广告图片占用吗？虽然现在几乎没有用户会计算自己有多少流量是被垃圾信息消耗掉的，但是从布伦顿笔下的历史来看，他们很快就会这样做。

布伦顿在谈论垃圾博客的奇怪体系时暗示了另外一个变化，原来网络上最大的反垃圾信息公司已经成为最大的合法广告平台。以 Twitter 为例，这家公司的服务条款罗列了各种会被系统判定为制造垃圾信息的行为，其中包括"过度点赞"。到了 2001 年，更新后的服务条款开始对过滤"推广推文"的客户端软件加以限制。跟许多媒体服务一样，Twitter 也是一个双边的平台，一边是付费的广告主，另一边是非付费的用户。他们的业务模式决定了他们需要确保自己销售的广告能被用户真正看到。作为一个中心化社交系统的运营者，Twitter 有权决定哪些商业信息是合法的广告，哪些是垃圾信息。

当布伦顿在讨论"垃圾信息与正当使用之间的界线开始变得模糊"时，Google 成为一个更耐人寻味的例子。自诞生以来，Google 的搜索和邮件服务就以智能过滤无关和诈骗信息的能力著称。然而，如 Twitter 一样，Google 的商业模式也是依赖于在自己的多个免费服务中展示广告。事实上，Google 在这方面还走得更远一些——它可以通过广告收入分成的方式将自己的广告展示在其他网络服务和移动应用之上。Google 每在第三方客户端展示一次广告，Google 和客户端本身都能分享广告主支付的费用。这种协议造成的一个意外的副作用是，Google 既希望从垃圾博客展示的广告中获利，但同时它也有责任在自己的搜索结果中过滤掉垃圾信息。布伦顿在第三个时代描述的这种两难处境值得我们进行更深一层的思考。

现在的大型社交服务已经站在了合法垃圾信息提

供者的一方，但是这个平衡似乎变得越来越难以保持。
2013 年 3 月，Google 将 AdblockPlus 之类的广告拦截应
用从 Google Play 商店中移除了，他们给出的理由是去除
网页广告的行为违反了 Google 的服务协议。Google 的
做法跟电视广告主对 TiVo 的反对如出一辙，后者认为观
众不应跳过电视广告是一条不成文的社会契约。目前用
户似乎都能接受以观看部分广告的代价换取免费的服务，
但是随着网络广告主变得越来越激进，各种精准投放的
广告对用户隐私的侵犯也愈加严重，用户在这种情况下
还会继续忍受下去吗？各个垃圾信息时代之间的更替都
是由意料之外的网络环境变化引起的：互联网在 1994 年
的私营化和垃圾邮件过滤器在 2003 年的出现。如果用户
不再将赞助链接和横幅广告看成是使用服务的合理代价，
而是看成应该被过滤和抵制的非法垃圾信息，整个网络
世界的面貌将会变成怎样呢？

正如布伦顿在书中展示的，尽管垃圾信息本身是一种遭人唾弃的事物，但是它的历史可以让我们更好地看清互联网的现在和未来。"垃圾信息为我们提供了一个聚集起来讨论含义的空间。"垃圾信息在形式和含义上的变化，其实都反映了网络沟通的巨变。当用户在网上互相建立联系的时候，新的技术会陆续出现，参与的成本会上下浮动，基础设施的所有权会被转手，网络服务的政策也会不断调整，这样的话，垃圾信息也应该被重新定义。垃圾信息的创新通常都会激起全新的反垃圾信息手段，这反过来又会为垃圾信息提供新的可乘之机。布伦顿将这场拉锯战称为"人们聚集在计算机网络的反面历史"。无论是我们讨厌的东西还是喜欢的东西，它们的历史都同样重要。铭记这段历史能够帮助我们理解这个连接全世界的互联网是如何一步一步走到现在的。

本文原载于《洛杉矶书评》，由作者授权发布。

凯文·德里斯科尔（Kevin Driscoll）｜ 传播学博士，现任弗吉尼亚大学媒体研究助理教授。

执行策划：

不知知（自动贩卖机，买下全宇宙）

Lobby（大人的玩具：从乐高积木帝国说起）

傅丰元（可供性：隐藏在设计背后的力量）

不知知（无用的艺术）

傅丰元（硅谷造城记）

微信公众号：离线（theoffline）

微博：@离线offline

知乎：离线

网站：the-offline.com

联系我们：AI@the-offline.com